普通高等教育艺术设计类专业"十二五"规划教材
计算机软件系列教材

室内外手绘表现技法

主　编　曹　□□　唐　茜　张　娜
副主编　樊　飞　杨永波　王燕妮

华中科技大学出版社
http://www.hustp.com
中国·武汉

内 容 简 介

全书内容分为 6 章,包括室内外手绘表现技法的简述、手绘效果图的基础训练、手绘效果图的透视方法及构图、手绘效果图的上色技法、室内空间设计方案及其表现训练、景观手绘训练等几部分内容。先讲解手绘基础训练,再由浅入深地讲解室内空间、室外景观的手绘表现技法,最后通过优秀作品欣赏来帮助读者提升对手绘技法的理解。

全书内容全面,层次分明,方法先进,收集了大量当前优秀的手绘作品,有助于读者掌握手绘技法、了解当前手绘发展趋势。

本书可作为高等院校艺术设计等相关专业的教材,也可作为设计行业从业人员学习手绘的辅导书。

图书在版编目(CIP)数据

室内外手绘表现技法/曹　艳　唐　茜　张　娜　主编.—武汉:华中科技大学出版社,2013.8
ISBN 978-7-5609-9117-7

Ⅰ.室…　Ⅱ.①曹…　②唐…　③张…　Ⅲ.建筑艺术-绘画技法　Ⅳ.TU204

中国版本图书馆 CIP 数据核字(2013)第 123717 号

室内外手绘表现技法　　　　　　　　　　　　　　　　　曹　艳　唐　茜　张　娜　主编

策划编辑:谢燕群　范　莹
责任编辑:谢燕群
责任校对:朱　霞
封面设计:刘　卉
责任监印:周治超
出版发行:华中科技大学出版社(中国·武汉)
　　　　　武昌喻家山　　邮编:430074　　电话:(027)81321915
录　　排:武汉金睿泰广告有限公司
印　　刷:湖北新华印务有限公司
开　　本:880mm×1230mm　1/16
印　　张:7.25
字　　数:192 千字
版　　次:2013 年 8 月第 1 版第 1 次印刷
定　　价:42.00 元

前 言
QIANYAN

  "室内外手绘表现技法"是环境艺术设计专业的一门必修课程。设置此课程的目的在于训练学生运用各种表现材料进行效果图的绘制，锻炼学生设计思维与表达形式快速结合的能力，提高学生用设计语言进行表达、沟通的能力。这也正是编写本教材的目的。效果图表现的形式多种多样，主要有：钢笔线描技法、水粉写实技法、喷绘技法、马克笔快速技法等。本书按照"室内外手绘表现技法"课程的课时安排，对上述内容有针对性地进行了介绍，尤其是对马克笔快速技法进行了重点讲解。马克笔这种新兴的工具有着极强的表现力，在表现时具有快速、准确的特点，同时可以结合其他材料综合起来使用。所以，这种表现形式正在被广大设计师所采用。

  本书针对专业教学要求及环境艺术设计、室内设计等专业的特点，考虑学生的实际情况，结合教学实践，着重强调掌握手绘的基本功、操作并联系各种现行实用的技法，紧密联系环境艺术设计专业实践中的案例及现今该专业的市场动态，使教材的内容更具有指导性和实用性。

  在编写本书的过程中得到了同类院校许多同行的大力支持，在此一并表示感谢。

  由于水平与时间的限制，本书可能有许多不妥之处，望广大老师、同学及同仁给予批评指正。

编 者

2013 年 7 月

目 录

MULU

第1章
室内外手绘表现技法简述

1.1　手绘效果图的概念

手绘效果图是指设计者通过运用一定的绘画工具和表现方法，来构思主题、表达设计意图的一种创作方法。它被广泛用于建筑设计、工业设计、视觉传达设计等艺术设计领域。

手绘效果图可以记录设计师的思维活动、艺术构想过程，能体现设计者的创作思想，又能表现出实际造型的效果，有很强的实用性、科学性以及艺术性。

效果图通常以较完整的绘画表现形式来准确地传达设计师的设计思路，从而使其能在以后的具体实施与制作过程中得以实现与运用，是设计过程中不可或缺的重要组成部分。

1.2　手绘效果图的目的与作用

1. 用于设计师进行构思及方案比较

效果图作为设计者表达其设计意图最直接的手段和形式，体现在很多方面。首先，效果图传达设计的宗旨，反映设计的内涵，合理运用表现技法组织画面，使其体现方案意境的表达、空间创造的思想。其次，效果图通过表现技法，将设计作品在二维空间的图纸上表达出三维立体效果，很直观地表现出设计内容，并且可以使设计方案顺利地得以实施与制作（见图 1-1～ 图 1-3）。

图1-1　直接地表现出设计师的多种方案构思。

图1-2　这是一张商业空间创意草图，虽然细节不够完善，但能看清设计方案意图，能让客户直观认识到所表达的设计风格，以及基本布局和使用功能。

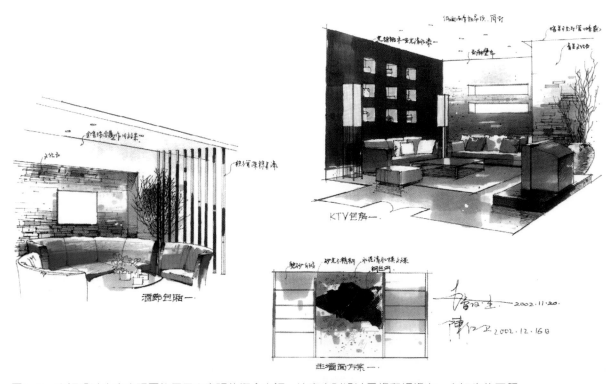

图1-3　空间设计方案表现图能展示出直观的概念空间，让客户对设计风格和规格有一个初步的了解。

2.便于设计师与客户进行交流

手绘的主要目的是培养设计师的"审美感觉能力"和"设计表达能力"。设计者可以借助效果图向建筑单位、业主、用户直接推荐和介绍设计意图。效果图具有较强的成果展示作用和较强的现场表达能力。

手绘表现是设计师的设计理念与艺术修养的体现，它用快速、准确、简约的方法与相应的技法将设计师大脑中瞬间产生的某种意念、某种思想、某种形态迅速地在图纸上记录并表达出来，并以一种可视的形象与客户进行视觉交流与沟通，为工程项目合约的签定打下良好的基础。在这个过程中，设计师通过眼（观察）、脑（思考）、手（表现）的高度结合，以直观的图解思维方式表达出设计创意的理念，有非常直接的使用价值（见图1-4~图1-7）。

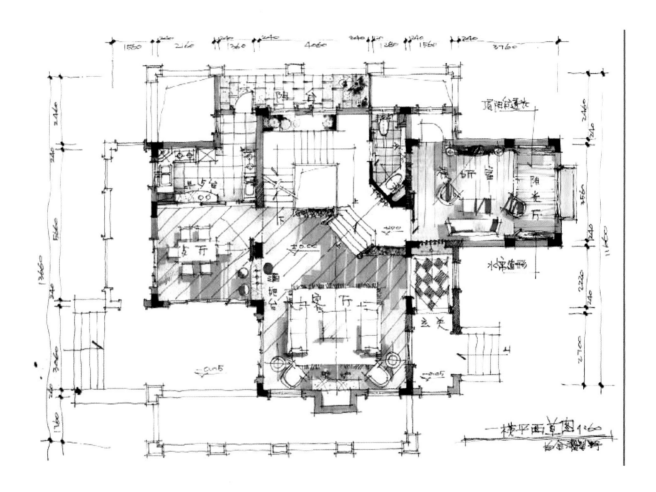

图1-4　这是设计实战中的一个手绘平面图，以清晰、明快的线条和色彩清楚地展示了设计创意，使客户能很直观地读懂设计方案。

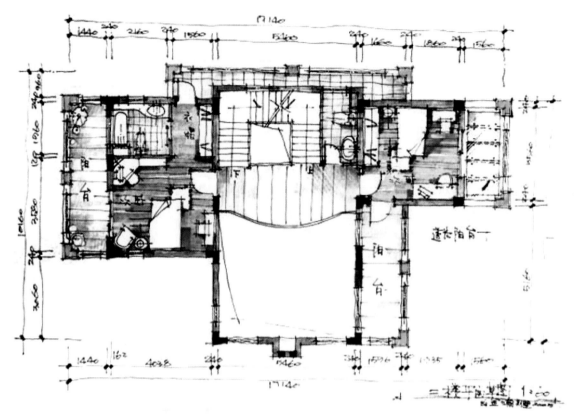

图1-5　手绘平面图即使不够精彩也无关系，只要能表达出主要设计内容和简单色彩就可以了。

图1-6　快速的现场表现，展示出直观的概念空间，让客户对设计风格和规格有一个初步的了解。

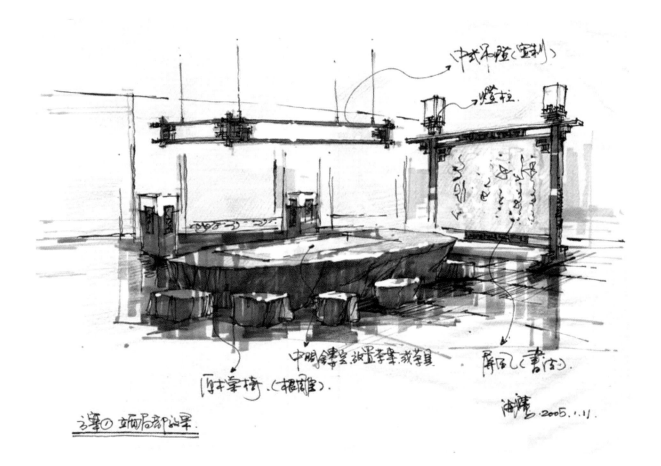

图1-7 生动、富有活力的画面，对某局部进行了详细的介绍。

3. 具有极强的艺术感染力

绘画艺术的创作需要感觉，而设计也需要感觉；设计创意来源于"感知"，感知来源于手、眼、心、脑融为一体的协调。手绘的目的要求我们对物体的造型、结构、空间比例、动态的捕捉等要有直观的感觉，这都属于审美感觉能力范畴，如图 1-8~ 图 1-10 所示。

图1-8 这幅户外写生表现图，同时采用了传统艺术绘画技术和主观手绘表现处理技巧。

图1-9 建筑物的写生，要处理好建筑与配景的关系，建筑外观设计效果的空间关系以及色彩、比例关系。

图1-10　这幅室外景观表现草图是根据别墅外观进行的景观设计。好的手绘表现图不仅仅是一张设计图纸，更是一幅具有艺术感的画面。

1.3　手绘的工具及其运用

　　手绘效果图表现的形式有很多种，我们可以根据想要表现出的不同设计效果来选择不同的表现工具。每一种工具的表现形式都不一样，都各自具有不同的特点和不同的表现效果，同时也都有各自的局限性。如果只使用一种工具，那么画面就会略显不足。有时候需要用几种不同的工具来表现画面，使画面具有综合性的表现效果。

　　我们只有对手绘表现所使用的工具有较全面的了解，才有可能更好地运用这些工具。20世纪80年代，手绘效果图的表现是以传统的手绘技法为主（水粉、水彩），相对较为写实（见图1-11）。现在手绘表现图的表现方法更为灵活，与当前设计领域的发展需要相对应，从勾线到上色，再到快速表现，这一系统技法的训练都要从了解各种表现工具开始（见图1-12）。

图1-11　在计算机效果图还不够普及的年代，手绘效果图一般采用这种较为写实的表现技法。

图1-12　钢笔、马克笔、水溶性彩色铅笔、水彩等部分手绘表现工具。

1. 钢笔

钢笔是最为普遍的手绘工具，它使用起来比较方便，在画面表现效果上具有工整细致、轻松自由的特点，但是，钢笔线描下笔后不易修改。如果要想作品达到线条流畅优美、娴熟、自如、流畅的效果，就需要经过长期的积累练习，具备一定的钢笔速写功底。

　　钢笔主要用于线条的表现，种类较多，包含普通钢笔、美工笔、针管笔、签字笔等。可以根据自己的喜好选择不同种类的钢笔来表现画面的不同效果。时常进行植物钢笔写生训练有助于提高手绘线条表现技巧（见图1-13）。

图1-13　部分钢笔手绘表现工具。

　　钢笔线描的表现效果如图1-14~ 图1-17 所示。

图1-14　这张钢笔写生表现出了轻松流畅的线条，也表现出了细致的结构。

图1-15　这张钢笔写生，虽然看不到严谨的细致结构和明暗调子，但能看到统一的钢笔独特表现语言，它能完整地表现出建筑群错落有致的动态。

图1-16　这幅庐山建筑钢笔写生，能看到轻松流畅的表现线条，也能看到严谨的明暗调子和细致结构的表现。

图1-17 钢笔对植物的描绘，有着独特的表现风格，刚劲有力、疏密有致、明暗突出。

2. 马克笔

马克笔是手绘效果图中常用的上色工具，它的色彩透明度高，具有很强的表现力，并且使用方便，也便于携带。适用于马克笔的纸张种类比较多，如复印纸、白卡纸等，但最好选用不太吸水的纸张。马克笔的品牌较多，但区别不大，使用起来也大致相同。其性质无非两类：油性马克笔和水性马克笔，分别如图1-18和图1-19所示。

油性马克笔和水性马克笔都有各自的表现特点，也较容易区别。油性马克笔，散发出明显的酒精味道，颜色比较饱和，笔触之间容易渗透，并且对纸张没有太大的伤害，是手绘效果图主要使用的上色工具；而水性马克笔，没有味道，颜色较柔和清淡，笔触之间渗透力较小，可与油性马克笔相配合使用。

图1-18 油性马克笔。

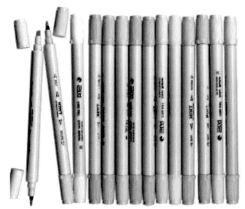

图1-19　水性马克笔。

油性马克笔手绘效果如图 1-20~ 图 1-22 所示。

图1-20　油性马克笔建筑写生，颜色饱和度较强，通过明显的笔触拼排，很好地表现出了木板之间的拼接效果。

图1-21　从这张景观表现图的局部能看出油性马克笔的厚重和塑造力，图中的石头在马克笔的点缀下，不但没有影响整体关系，还增强了物体的特征表现。

图1-22　此油性马克笔室内表现效果图具有明暗对比强烈、色彩明快醒目的特征。

3. 水溶性彩色铅笔

水溶性彩色铅笔一般配合马克笔来使用，可以弥补马克笔的不足，比如用于地毯毛糙材质的表现等。它的特点是能与水性、油性马克笔相融，对画面整体的调整有很大的帮助，比如物体暗部反光的环境色就可以用彩色铅笔来完成（见图1-23）。

图1-23　水溶性彩色铅笔。

水溶性彩色铅笔手绘表现如图1-24、图1-25所示。

图1-24　彩色铅笔建筑写生。

图1-25 彩色铅笔单体建筑设计表现，色调淡雅、结构清晰。彩色铅笔为设计草稿很好的表现手段之一。

　　马克笔、水溶性彩色铅笔混合手绘表现如图 1-26、图 1-27 所示。

图1-26 这张家具组合手绘表现充分运用了钢笔、马克笔、水溶性彩色铅笔的混合表现，简洁、明快。

图1-27   在绘制比较复杂的室内空间草图时，用钢笔、水彩、彩色铅笔的混合方法最方便也最容易出效果。

1.4   室内外手绘表现技法课程的结构设置

手绘表现技法课程是环境艺术设计专业的专业基础课程，是进入设计课程前最关键的课程之一。本课程重点训练学生三维空间的塑造能力，同时要强化学生运用色彩表现材质特性及质感的能力。

通过对手绘效果图表现技法的学习，能够做到以下两点：

①能够快速地进行室内外空间的局部表现，锻炼边想边画的能力，将自己的设计思想相对准确地表现出来，以便于与客户交谈；

②能够借助直尺、铅笔、橡皮等绘画工具，完整并较准确地进行室内外空间表现，并且色彩搭配和谐，较熟练使用马克笔，锻炼从不同视角推敲形体的能力以及将自己的设计思想完整地进行手绘表现的能力，为后续的设计课程打好基础。

手绘表现技法课程安排

	教 学 内 容	教学学时	课 程 教 学 方 法	作 业 要 求
一	手绘效果图表现的概念及重要性	1	手绘效果图的种类，基本的绘制手法以及学习本课程的重要性	准备手绘工具
二	工具介绍及作品欣赏	1	介绍基本工具，欣赏各种类型的手绘效果图表现方法	
三	线条的练习	2	给学生作线条绘画示范，通过线条练习掌握直线、曲线的排列，线的渐变排列	各种线条练习，作业量不得少于20张
四	透视基本理论知识	2	介绍透视的基本术语、透视的种类、不同空间所运用到的不同透视角度	掌握视平线的定义及不同情况下的不同运用
五	透视的表现方法	18	给学生介绍透视的基本原理及空间网格透视的绘制方法	绘制不同透视空间的效果图线稿，要求透视准确，作业量不得少于10张
六	马克笔上色技巧	6	介绍马克笔的特性、上色时的注意事项，马克笔笔触的运用	①马克笔的各种笔触练习；②用马克笔表现不同材质的质感；③用马克笔对室内外单体元素进行表现。作业量不得少于20张
八	室内效果图的上色表现	6	介绍并示范室内效果图上色步骤和注意事项	结合设计用马克笔对室内大空间进行表现。作业量不得少于10张
十	室外效果图的空间表现	6	介绍室外空间绘制的透视注意事项，不同空间运用不同的透视	结合设计用马克笔对建筑及景观进行表现。作业量不得少于10张
十一	快题设计表现（大作业）	16	介绍各种空间设计手绘案例	完成一套空间设计的快题表现手绘效果图

第2章

手绘效果图的基础训练

手绘效果图是需要经科学的指导和长期的练习才能绘制出来的。要想学好手绘表现就必须要有踏实、稳重、不浮不躁的态度，除此之外，还必须掌握手绘表现的基本技法，要经过从勾线到上色，再到快速表现这一系统的训练，从基础开始学习。

2.1 线条的基本训练

线条的训练是手绘表现基础训练里面尤为重要的一个部分。进行线条训练时要掌握起笔、运笔、收笔等方法，要求线条稳重、自信，给人以力透纸背、入木三分的感觉（见图2-1）。不同的线条在手绘表现图中担任着不同的角色，对每一种线条的练习我们都不能忽视。

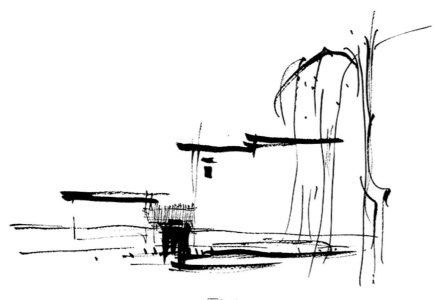

图2-1

1.直线的练习

直线包括水平线、垂直线、斜线，对每个方向的直线都要进行大量的练习，这样才能保证线条的流畅、美观。

方法：手臂带动手腕，纸面与视线尽量成垂直状态（见图 2-2～图 2-4）。

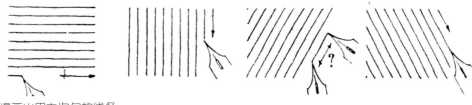

图2-2　缓慢画出用力均匀的线条。

图2-3 缓慢画出有变化的线条。

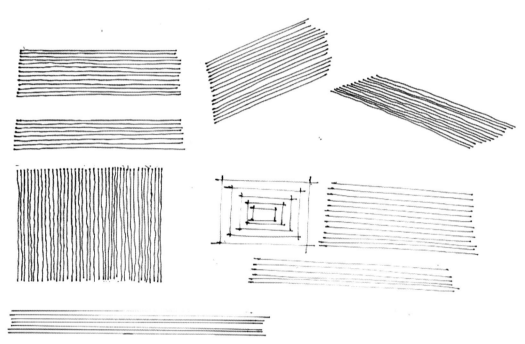

图2-4 练习时要注意起笔、运笔、收笔的力度。用力不同，则虚实关系不同。注意慢直线、快直线、斜方向直线和垂线的不同运笔。

2. 曲线的练习

曲线的练习要求做到线条流畅，对钢笔的力度要能很好地控制（见图 2-5~ 图 2-7）。

图2-5 缓慢用力的线条。

图2-6 用力均匀的弧线。

图2-7 用力有轻重变化的弧线。

3. 排线的练习

排线练习是指用各种单线、均匀的交叉线、快速流畅的线条或使用一些特殊的笔触组成平面色块。练习时要求力度均匀、线条流畅，要注意起笔、运笔、收笔的力度，见图2-8~ 图2-11。

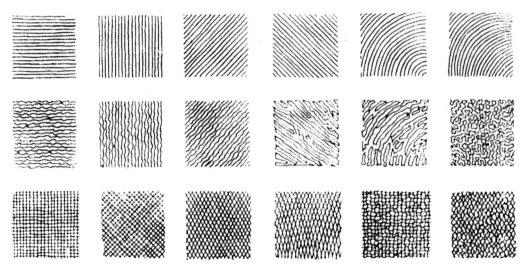

图2-8   用各种单线组成的平面色块和由均匀的交叉线组成的平面色块。

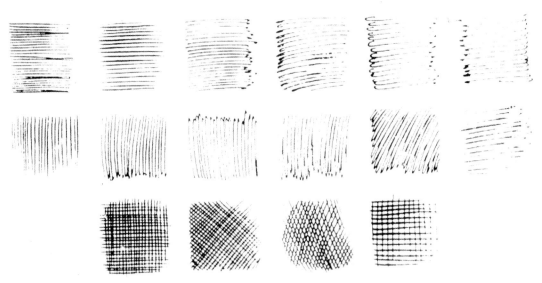

图2-9   用快速流畅的线条组成的平面色块。

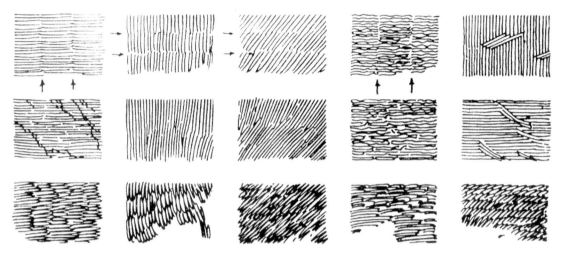

图2-10 用不同形式的线条组成平面色块。

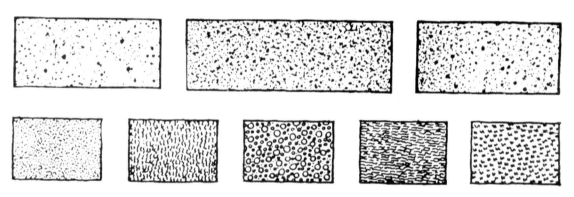

图2-11 用溅洒的墨点组成平面色块；用特殊的笔触组成平面色块。

4. 线条排列结合形体练习

线条的排列主要是运用到具体的形体上，以下是线条结合形体的练习（见图2-12~图2-17）。

图2-12 轻松流畅的线条排列出的具象形体。

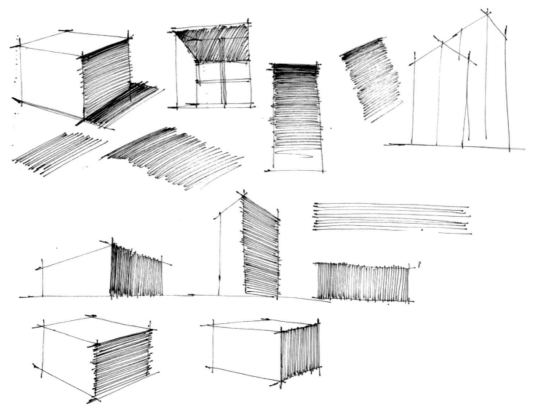

图2-13　线条排列结合的简单形体练习。

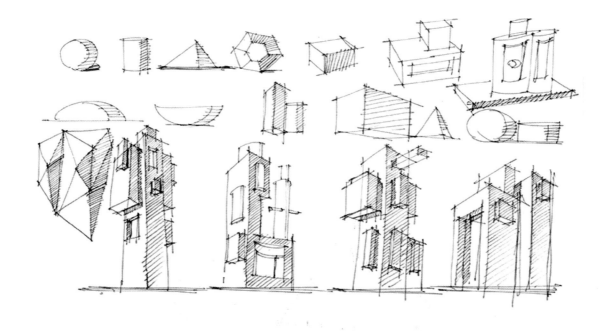

图2-14　几何形体与建筑构成。

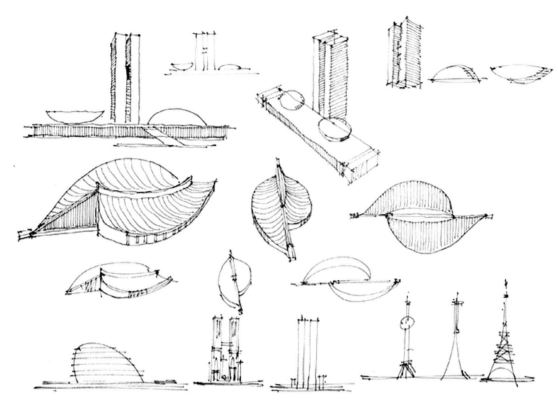

图2-15 建筑形态构成。

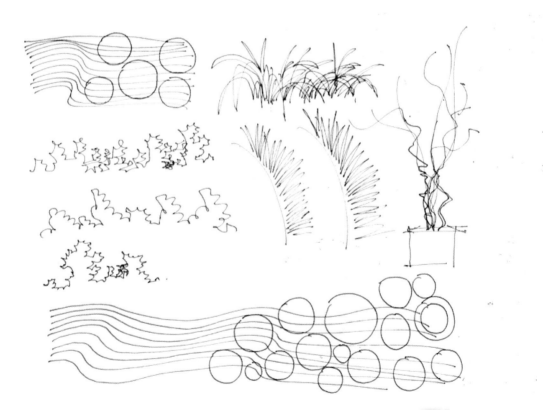

图2-16 练习曲线的流畅性，对钢笔力度的控制也很恰当。

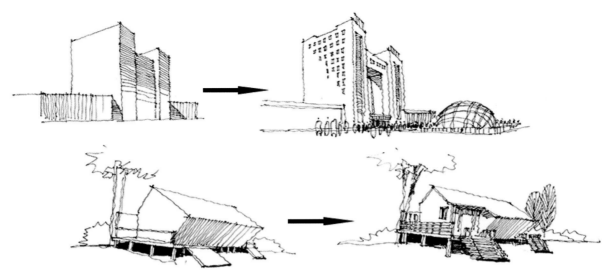

图2-17 建筑体块与建筑速写。

2.2 徒手单体训练

单体练习非常重要，要求熟练地将线条配合造型与透视之间的关系、物体之间的比例关系进行训练。单体练习要从几何形体开始（见图2-18），掌握好各种角度、各种形态样式的形体，要勤于练习，做到透视准确、线条流畅。

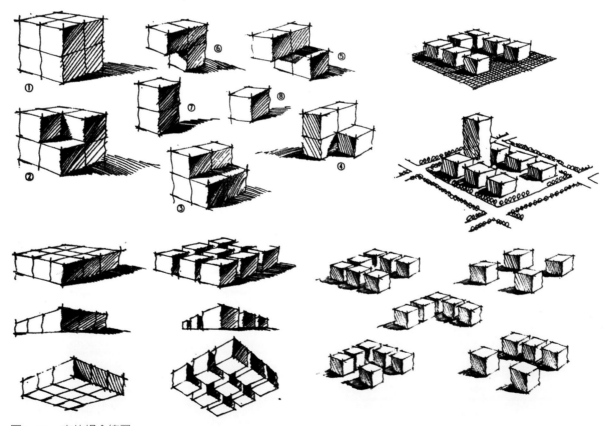

图2-18 方体组合练习。

1. 单体的基本画法

在刻画单体时，首先要掌握好透视，然后运用正确的透视关系将单体的形态较好地表达出来。在练习初期，可以先将要刻画的单体看成是一个正方体，把正方体的透视画准确后，再在正方体里面着重刻画单体的细节部分，见图 2-19~ 图 2-25。

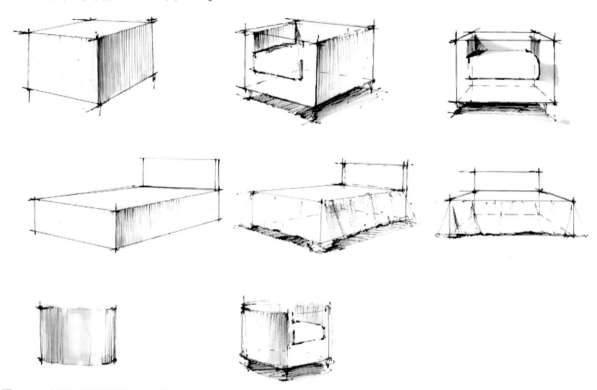

图2-19　不同透视角度对不同形体的表现方法，先画出物体大体骨架，再刻画里面的细节部分。

透视点

图2-20　一点透视沙发不同角度的表现。

透视点 透视点

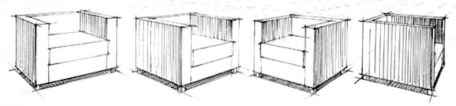

图2-21　两点透视沙发不同角度的表现。

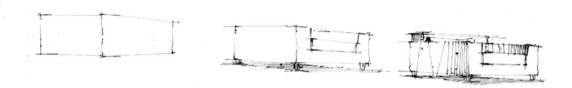

图2-22　先用简单的长方体来确定沙发的形，然后在长方形的基础上刻画沙发内部，最后深入细节，强调明暗。用线时可多留出点线头来，这样呆板的东西会变得更有趣味。投影处可在前后部分多留白一些，中间用线多些，暗部用线条的疏密表示。

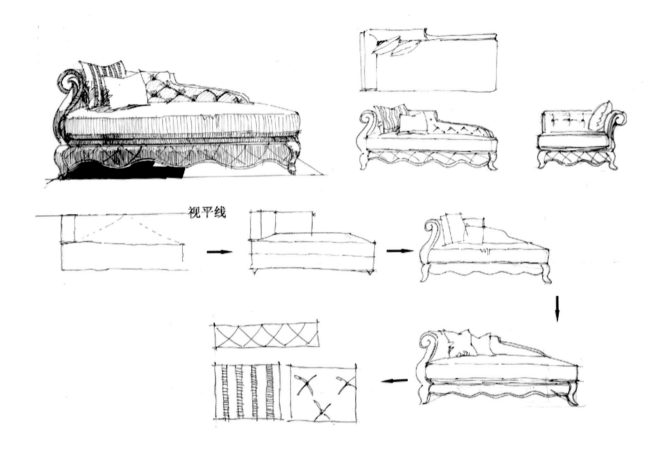

图2-23　首先确定视平线及正面体块关系，根据灭点拉出进深关系（注意比例）；然后确定沙发背体块，在体块中加入曲线，深入沙发的外轮廓，将沙发的分层确定清楚（注意物体厚度）；最后加入材质、细节。

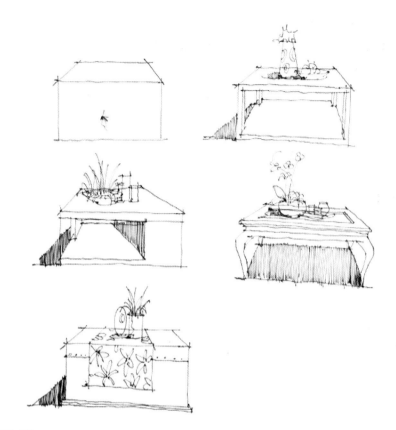

图2-24　茶几的绘制过程。

图2-25　抱枕的画法：交界处适当加重，以体现形体；抱枕的纹理、印花物品可用轻快活泼的线条来表现，能表现出布艺的质感；投影处也可用黑色线条来表示，画的时候要注意疏密关系。

2. 室内家具及陈设品的形体表现

室内家具及陈设品种类较多，大致有沙发、茶几、床、床头柜、餐桌椅、台灯、布艺、装饰画等。在这一节里，要积累大量的单体设计元素，并能够熟练地进行表达，在刻画时要注意细节。可以用临摹图片的方法进行练习，做到能熟练地默写，以便灵活、生动地描绘出室内家具及陈设。

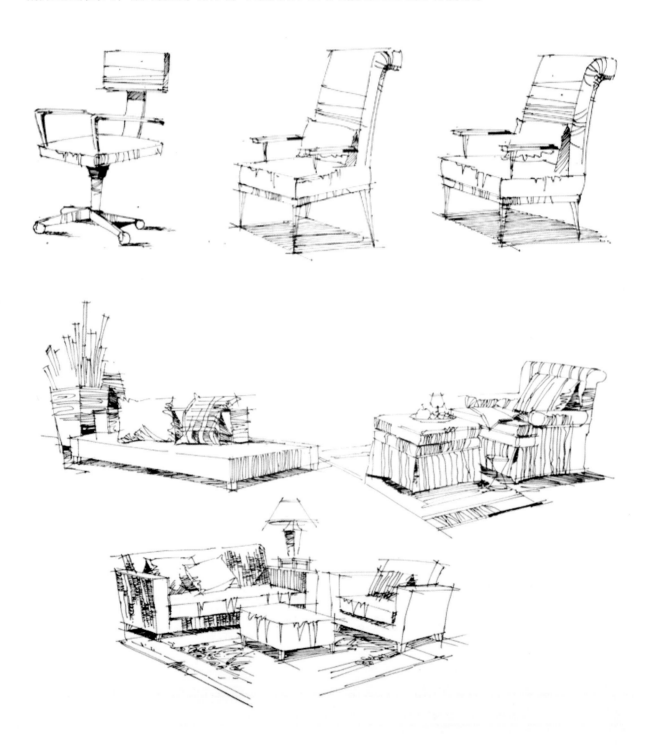

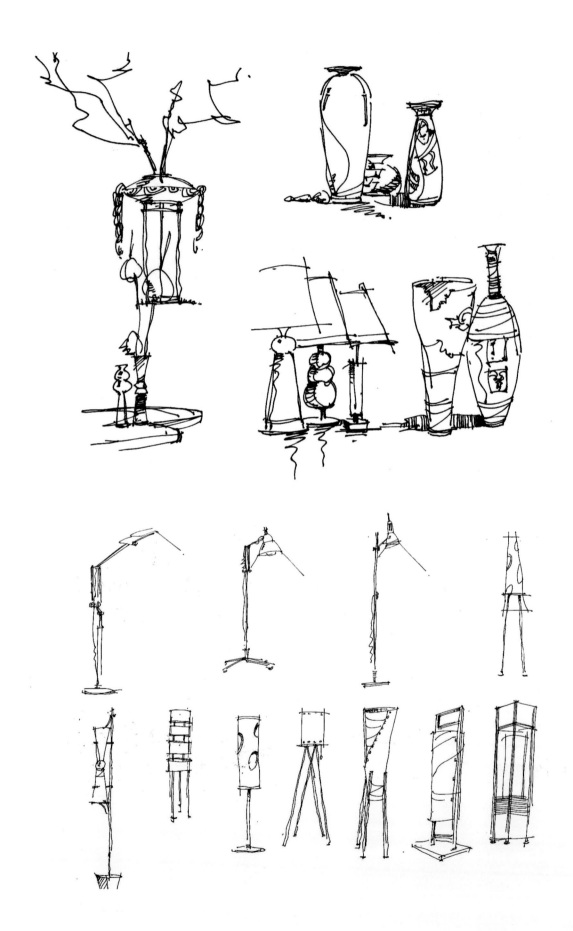

3. 组合家具的表现

要画好成组陈设，除了要掌握灵活运用线条的技巧之外，还要多注意透视比例关系，尤其是在练习的时候，要多参照、多对比。只有参照前一条线或者前几条线的透视比例关系，徒手表现造型才能比较准确，速度才能提得上去。

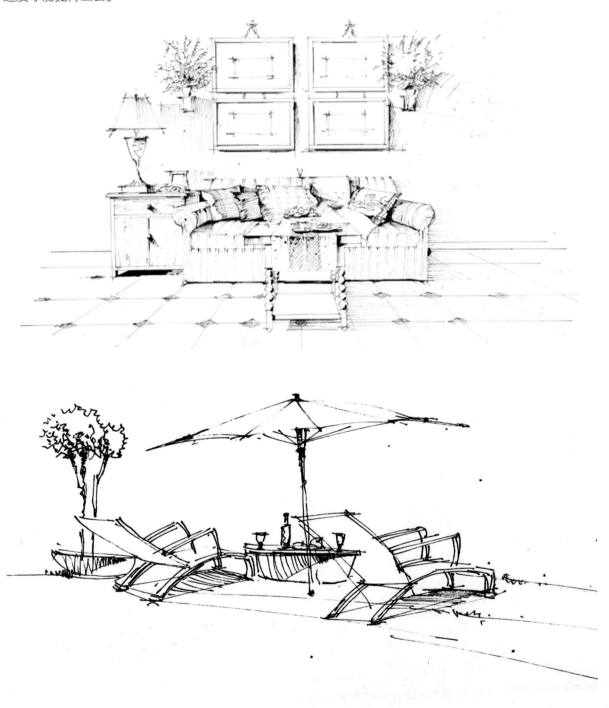

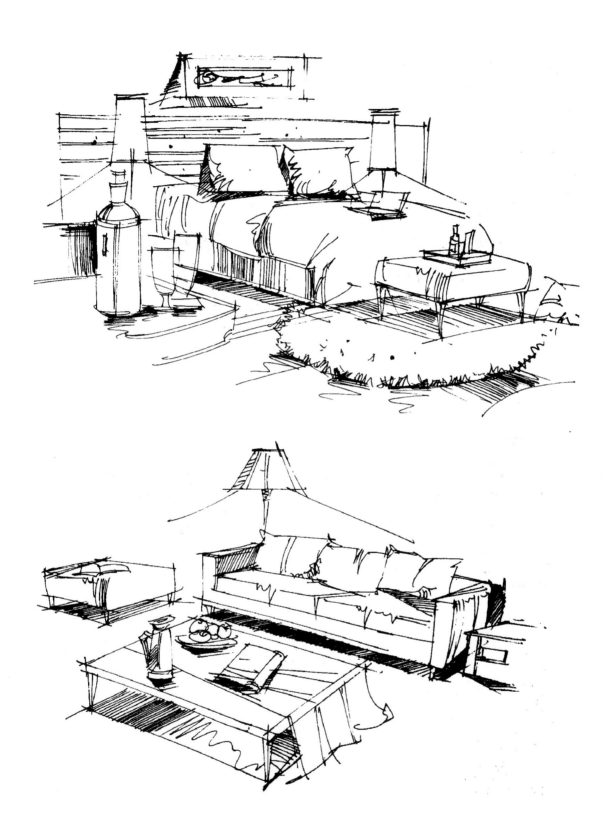

4. 景观植物的表现

在刻画植物时，要注重各自的形态，尤其是刻画植物外轮廓线，要准确反映植物的形态变化、透视及造型。近处植物的刻画要详实、自然、生动，远处的要刻画得概括、简单，以加深空间的透视效果。

第3章
手绘效果图的透视方法及构图

透视图是科学与艺术相结合的表现形式，它涉及的知识面广，为此，我们有意识地进行取舍，侧重于室内透视方向，兼顾其他。本章主要讲解透视制图的基本原理及具体的作图方法，让初学者在学习过程中逐渐具备主动思考问题的能力和解决问题的能力。

3.1 透视基础

透视，不但要注意材质感，画面的构成、构图等问题，而且在绘图技法上负有很大的责任。在建筑、室内设计效果图中，所表现的空间必须确切，因为空间表现的失真会给设计者和用户造成错觉，并使各相关部位不协调。

常画透视的人，不一定完全忠实于透视画法的作图过程，大都用简便方法。这种方法不但省时，并能提高视觉效果。只有经过绘画和透视技法训练后才能准确地表现透视，才能对立体造型的建筑物、室内空间有深刻的理解和把握。

为了便于理解透视的原理和掌握透视作图的基本方法，先介绍一些基本术语，如图3-1所示。

P——画面（假设为一透明平面）；

G. P——地面（建筑物所在的地平面为水平面）；

G. L——地平线（地面和画面的交线）；

E——视点（人眼所在的点）；

H. L——视平线（视平面和画面的交线）；

H——视高（视点到地面的距离）；

D——视距（视点到画面的垂直距离）；

C. V——视中心点（过视点作画面的垂线，垂线和视平线的交点）；

C. L——基线（画面与基面的交线）；

V. P——消失点（成角透视中，两组变线消失于视平线不同的位置的点，又称灭点）。

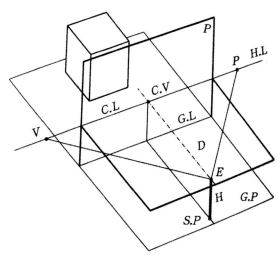

图3-1　透视作图基本术语说明。

3.2 一点透视

一点透视也称平行透视，视中心点即灭点。通常所看到的是物体的正面，而且这个面和我们的视角平行。透视视觉上的变形产生了近大远小的感觉，透视线和消失点就应运而生（见图3-2）。平行透视的优点是表现范围广、纵深感强，适合表现庄重、严肃的空间；缺点是比较呆板。

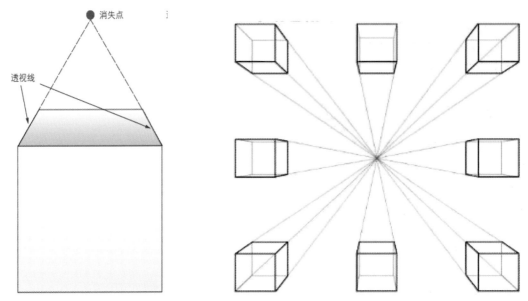

图3-2　平行六面体主向轮廓线有两组是原线，无消失点，有一组是变线，因而只有一个消失点。

1. 一点透视空间结构画法

此作图法为平行透视量点法的"从内向外推"法。

（1）按长、宽比例确定空间的内框 $ABCD$，并记上尺寸刻度，确定视平线及视中心点 $C.V$，作 $C.VA$、$C.VB$、$C.VC$、$C.VD$ 的连线并向外延伸。过 D 点作水平线并记上刻度，刻度的多少即空间进深的尺度。作出视平线，视平线的高度应符合人体视点的高度，一般在 1.4m 左右。在视平线上任意定出测量点 M，最好位于点"6"之后的位置，如图3-3所示。

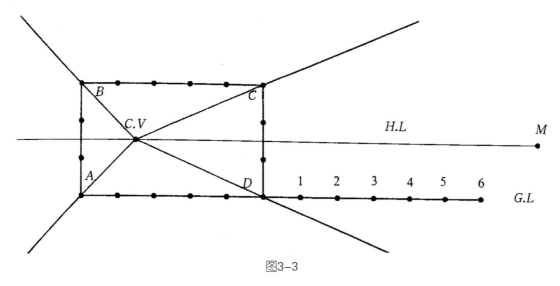

图3-3

（2）过 M 分别作点1、2、3、4、5、6 的连线并延长交 *C.VD* 的延长线得到各交点，并通过各交点做水平线和垂直线，如图 3-4 所示。

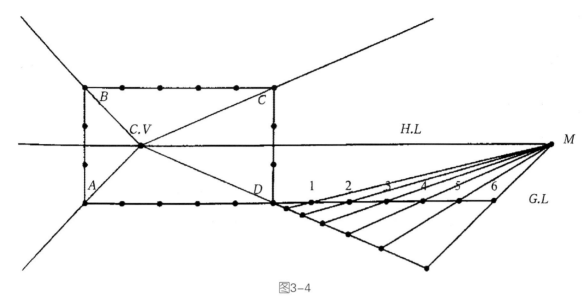

图3-4

（3）分别过水平线和垂直线与 *C.VA*、*C.VC* 的延长线的交点作垂直线与水平线，如图 3-5 所示。

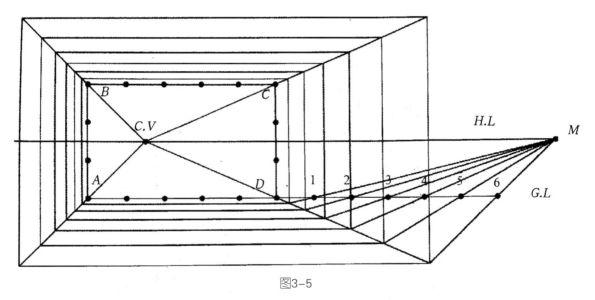

图3-5

（4）过 *AD*、*AB*、*BC*、*CD* 线段上各点作 *C.V* 的连线并向外延长，即完成量点法的空间结构透视制图，如图 3-6 所示。

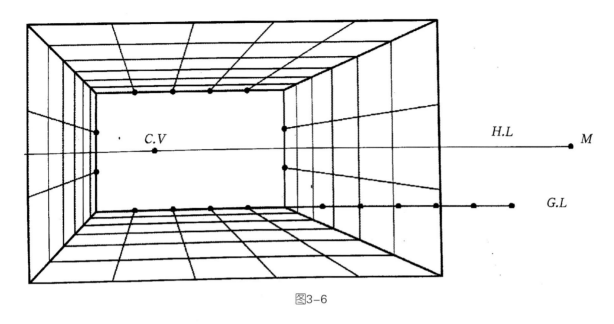

图3-6

2. 一点透视室内透视图画法

根据图3-7所示居住空间、客厅平面布置图绘制室内空间透视图。使用量点法画室内透视图的步骤如下。

（1）在平面布置图上按1m×1m画上地面网格作为辅助线。

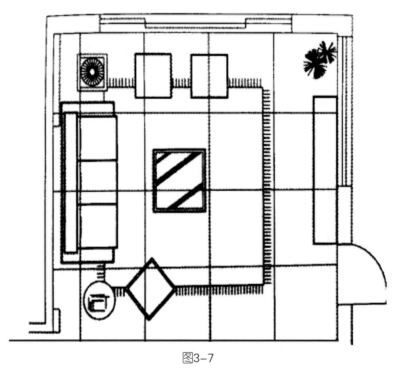

图3-7

（2）按量点作图法将室内空间结构求作出来，并根据平面图家具在网格中的位置在透视图中找到相应的地面投影，如图3-8所示。

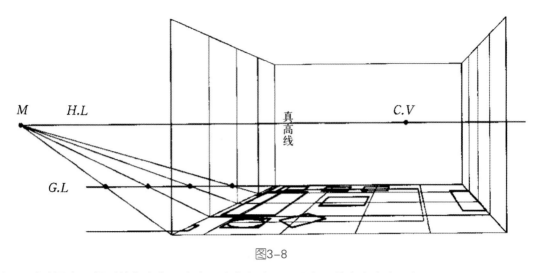

图3-8

（3）过地面家具投影的各点作垂直线，在真高线上寻找家具的真实高度，如图 3-9 所示。

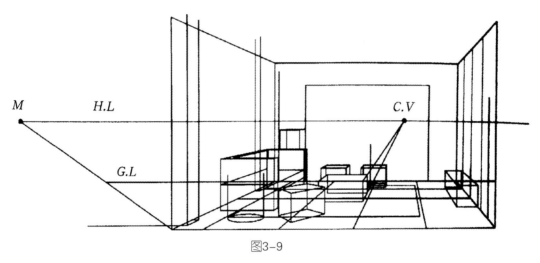

图3-9

（4）家具的高度求作完成后，进行细节处理，完成一点透视量点法的室内空间透视作图，如图 3-10 所示。

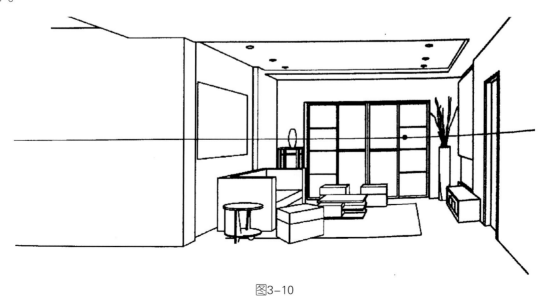

图3-10

3.3 两点透视

两点透视又叫成角透视，可看到物体的两个面以上，相应的面和视角成一定角度。成角透视中所有垂直方向的线条都是垂直的，没有变化。如图3-11所示，左三条和右三条的透视线分别相交、消失于两侧的消失点。垂直的三条线中，中间的最长，两边的相应短一些，这样的近长远短符合透视规律。成角透视图的优点是画面效果自由、活泼，反应出的空间比较接近人的真实感觉；缺点是当角度选择不好时，容易产生变形。

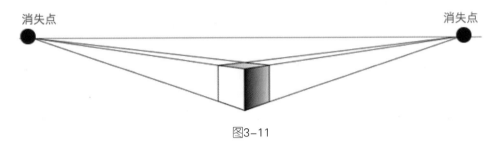

图3-11

如图3-12所示，平行六面体的两组面与画面有角度关系，三组主向轮廓线只有直立边是原线，无灭点，其余两组边线都是变线，因而只有两个灭点。

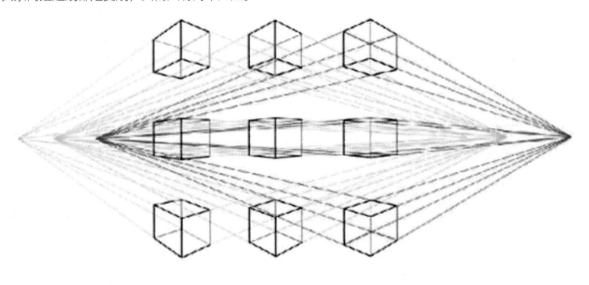

图3-12

1.两点透视空间结构画法

下面采用量点法作室内两点透视空间结构图。

在一点透视中，测量点的位置可在视平线上视中心点的左右位置（画面内框以外）任意确定；而在两点透视中，两个测量点 M_1、M_2 的位置需通过一定的规律步骤方能找到。

（1）定出视平线 H.L，真高线 AB，两个灭点 $V.P_1$、$V.P_2$，作 A、B 两点与 $V.P_1$、$V.P_2$ 的连线，并使之延长；以 $V.P_1$、$V.P_2$ 为直径画圆弧，交 AB 延长线于点 E；分别以 $V.P_1$、$V.P_2$ 为圆心，以 $V.P_1E$、$V.P_2E$ 为半径作圆弧交视平线 H.L 于点 M_2、点 M_1。M_1、M_2 为透视进深的测量点，如图3-13所示。

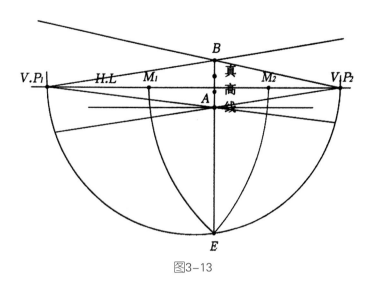

图3-13

（2）过点A作基线G.L，并按真高线同样比例标明刻度。点A左右两侧分别代表两侧的进深尺度，分别过M_1、M_2作基线G.L上各刻度的连线，并延长交过A点的透视线于各点，将各点分别连接$V.P_1$、$V.P_2$并延长形成地面网格，如图3-14所示。

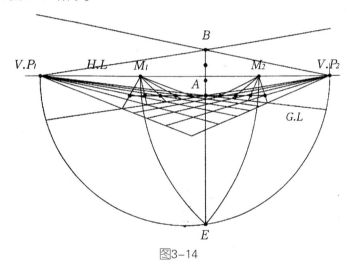

图3-14

（3）整理细节，完成两点透视空间结构的透视图，如图3-15所示。

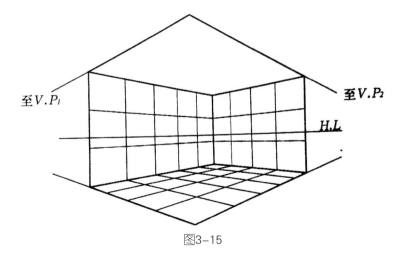

图3-15

2. 两点透视室内透视图画法

根据图 3-16 所示标准客房平面图绘制室内空间透视图。

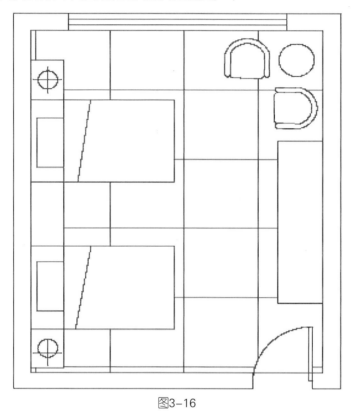

图3-16

（1）运用量点作图法将客房平面图按比例作好空间的透视结构图，并在透视网格中安置与图 3-16 所示相应家具的地面投影，如图 3-17 所示。

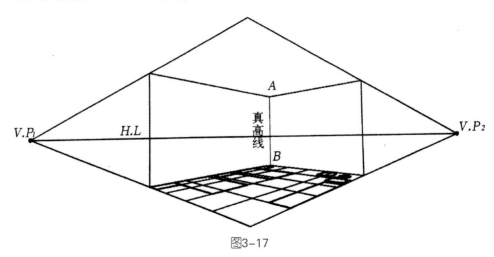

图3-17

（2）在真高线上寻求家具高度，如图3-18所示。

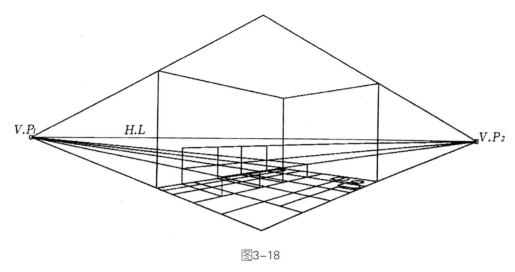

图3-18

（3）求作家具及立面结构构架，如图3-19所示。

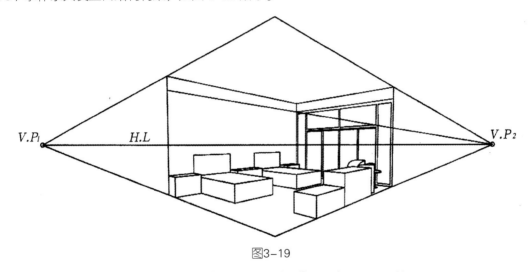

图3-19

（4）整理细节，完成两点透视量点法的室内空间透视作图，如图3-20所示。

图3-20

3.4　三点透视

　　三点透视又称斜透视，在室内透视中较少使用，多用于高层或超高层建筑外观表现图。图 3-21 所示为建筑平面图、三点透视俯视图、三点透视仰视图。

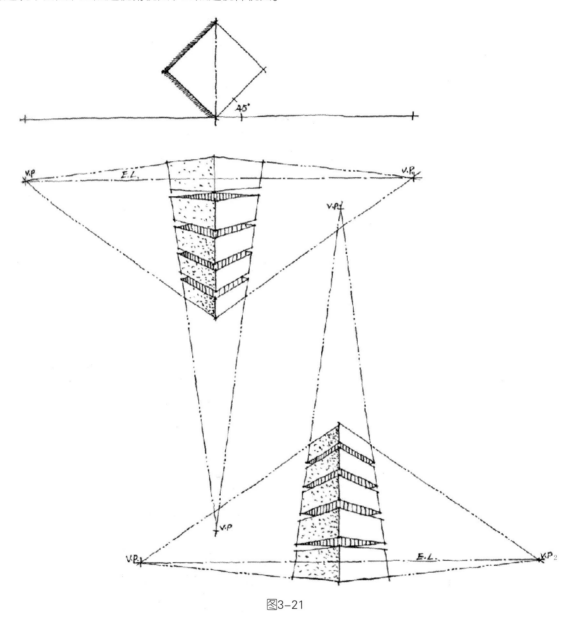

图3-21

3.5　透视空间临摹练习

　　学习透视的理论后，就进入大空间的临摹练习阶段。在这个阶段中，主要是通过对空间的透视绘制，更好地把握透视的准确性。

1. 一点透视表现图
绘制卧室表现图的步骤如图 3-22～ 图 3-25 所示。

（1）运用之前学习的方法按比例将透视空间、家具的位置及高度大体绘制出来，如图 3-22 所示。注意透视和空间感的准确性。

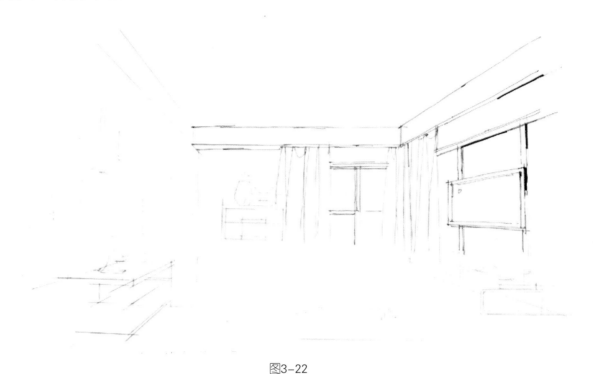

图3-22

（2）着重刻画主要家具。床和床头柜在这个卧室空间里占主要部分，如图 3-23 所示。要注意画面中线条的变化、对比，如空间结构线和硬性材质线要借助工具画，而织物、饰品等要徒手画。

图3-23

（3）刻画画面的其他部分，如图 3-24 所示。要注意远、近关系的虚、实对比，视觉上，远处的物体是虚的，所以远处的物体要少刻画，甚至不刻画它的明暗关系；而近处的物体相对要刻画得深入些。

图3-24

（4）继续刻画画面中的细节部分，注意画面中的黑白关系，通过明暗对比，使表现对象立体感强烈、结构鲜明，如图 3-25 所示。

图3-25

　　图3-26所示为室内一点透视空间表现图。其线稿的绘制要做到透视准确,室内装饰的结构要变化清晰,同时线条的粗细要有所变化,特别是小物体的表现要刻画到位。我们可以用一些明暗调子来表现室内的光影,要注重光照的强弱和投影的形状变化。

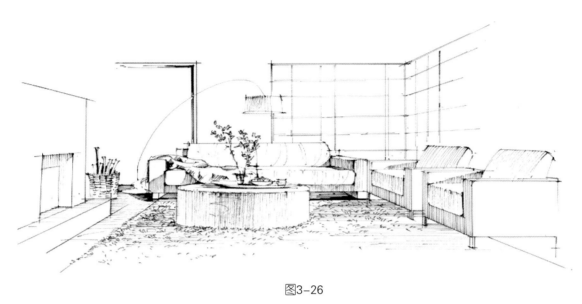

图3-26

　　图3-27~图3-28所示为景观一点透视表现图。

图3-27

图3-28

2. 两点透视表现图

绘制客厅两点透视表现图的步骤如图 3-29~图 3-31 所示。

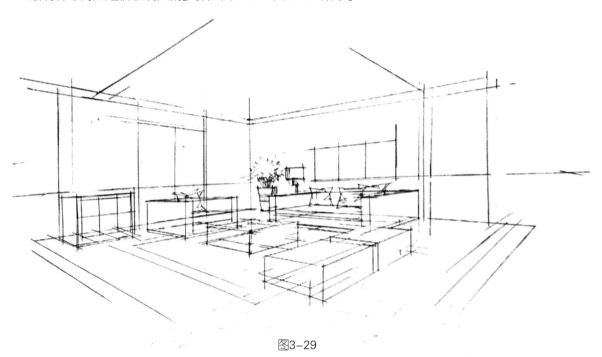

图3-29

图3-30

图3-31

图 3-32 所示为室内两点透视空间表现图。

图3-32

图 3-33~ 图 3-34 所示为景观两点透视表现图。

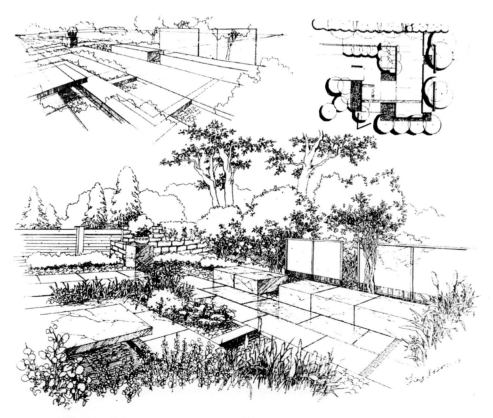

图3-33

图3-34

第4章

手绘效果图的上色技法

手绘表现常用到的上色工具就是马克笔、彩色铅笔（简称彩铅）、油画棒和水彩。相对来说，马克笔和彩铅的优点多一些：马克笔省去了调色的麻烦，彩铅可弥补马克笔的不足。用马克笔很难表现像粗糙毛面的材质，但用彩铅就能很生动地刻画，如图 4-1 所示。

图4-1

4.1 马克笔、彩铅的基本特性与性能

1. 马克笔的基本特性与性能

马克笔分油性笔和水性笔两种。油性马克笔以二甲苯为颜料溶剂，色彩透明，色度很好。使用马克笔绘制出来的画面，色彩相对比较稳定，但也不宜久放，最好对每幅作品都要扫描后存盘。另外，马克笔的颜色都是固定的，不像其他颜料有可调性，只能是看准什么颜色就用什么颜色。选购马克笔时，其颜色一定要尽量多，尤其是复合色和灰色。纯度很高的色彩多用于点缀画面，建议少买，可以用彩铅来代替。

用马克笔和彩铅表现的步骤一样，都是由深色叠加浅色，否则浅色会稀释深色而使画面弄脏，如图 4-2 所示。用单支马克笔每叠加一遍，色彩就会加重一级，应尽量少让不同色系颜色大面积叠加，如黄和蓝、红和蓝、暖灰和冷灰等，否则色彩会变浊，显得很脏，如图 4-3 所示。

图4-2　由浅色叠加深色效果。

图4-3

　　水性马克笔与油性马克笔相比，要难把握一些。用水性马克笔的画面在干透后，其颜色会变浅，多次覆盖后，颜色会变浊，纸面还会损伤，尤其是较薄的纸张，不像用油性笔那样好把握。

2.彩铅的基本特性与性能

　　彩铅是手绘表现中常用的工具。彩铅的优势在于处理画面细节，如灯光色彩的过渡、材质的纹理表现等。但因其颗粒感较强，对于光滑质感的表现稍差，如玻璃、石材、亮面漆等。使用彩铅作画时要注意空间感的处理和材质的准确表达，避免画面太艳或太灰。由于彩铅叠加次数多了，画面就会发腻，因此用色要准确、下笔要果断，尽量一遍达到画面所需的大致效果，然后再深入调整刻画细部，如图 4-4 所示。

图4-4

用彩铅无法像用马克笔一样能够较深入地刻画，表现细腻的空间，而是很容易画腻。彩铅和马克笔组合运用的效果最好，彩铅能用于调整画面的整体感，丰富画面的色彩变化，加重物体的质感，如图 4-5 所示。

图4-5

4.2　马克笔的笔触分类

1. 直线和直线的排列笔触

马克笔笔触中，直线是最难把握的，只有起笔和收笔力度轻、均匀，下笔果断，才不至于出现蛇形线。以下是几种错误的笔触。

起笔和收笔力度太大。

运笔过程中，笔头抖动出现了锯齿。

有头无尾，收笔无力。

运笔力度不均匀，出现了蛇形线。

正确的笔触如图 4-6~ 图 4-7 所示。

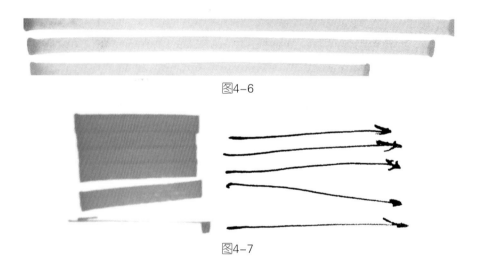

图4-6

图4-7

图 4-6 所示为长直线的排列。图 4-7 所示为短直线的排列，按照箭头方向运笔。

长直线在手绘表现图中的运用如图 4-8 所示。

图4-8

2. 循环重叠笔触

直线笔触可以用来丰富画面，使画面不呆板。但是一幅手绘效果图中的物体表现如果全是用明显的直线笔触，那么会感觉物体缺少大块面的色彩，画面就会显得很乱，没有整体感。循环重叠笔触就可以很好地弥补这些不足，它出现的色块深浅变化很微妙、自然，多用于物体的阴影部分、玻璃、丝织物、水等质感的表现。

循环重叠笔触按照图 4-9 所示箭头方向运笔。

图4-9

循环重叠笔触在手绘表现图中的运用如图 4-10 所示。

图4-10

3. 直线与竖线的垂直交叉笔触

运用垂直交叉的组合笔触是为了在画面中表现一些笔触的变化，丰富画面的层次和效果，所以一定要等第一遍颜色干了以后再上第二遍颜色，否则颜色会溶在一起，没有笔触的轮廓。

垂直交叉的组合笔触按照图 4-11 所示箭头方向运笔。

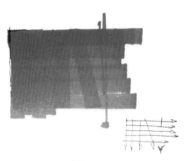

图4-11

垂直交叉笔触在手绘表现图中的运用如图 4-12 所示。

图4-12

4. 点的组合笔触

点的组合笔触多用于树木和花草的表现，有时粗糙的毛面材质也会用到，这种组合笔触讲究的是运笔灵活，不拘泥于一个方向运笔，如图 4-13 所示。

图4-13

点的组合笔触在手绘表现图中的运用如图 4-14 所示。

图4-14

4.3 马克笔材质表现

正确、熟练地运用马克笔，就可以表现出各种材质的物体。以下介绍几种材质的表现步骤，供大家日常临摹练习。

木质地台的表现步骤如图 4-15 所示。

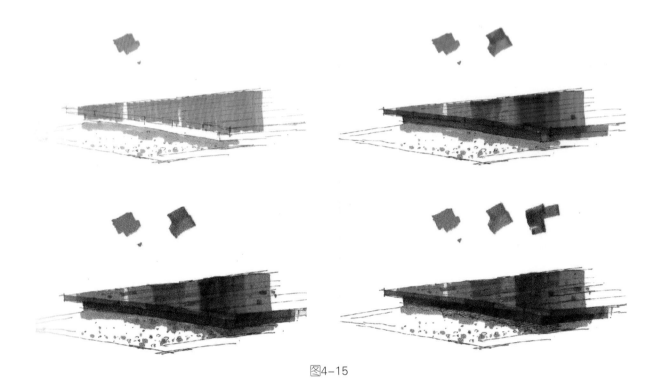

图4-15

木质凹凸造型的表现步骤如图 4-16 所示。

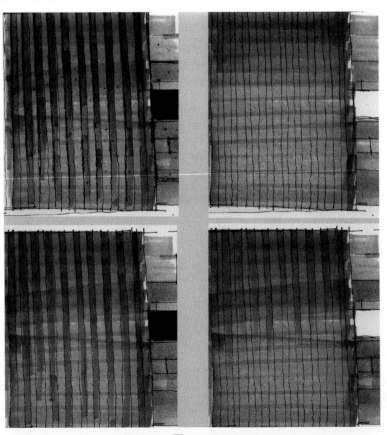

图4-16

木纹的表现步骤如图 4-17 所示。

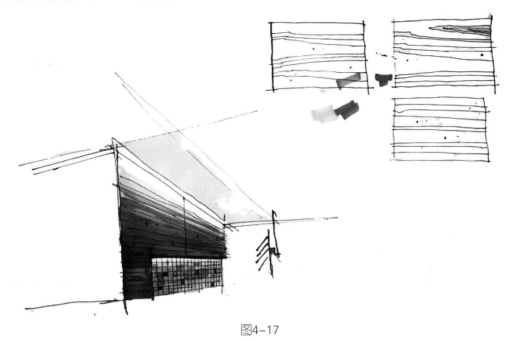

图4-17

石材的表现步骤如图 4-18 所示。

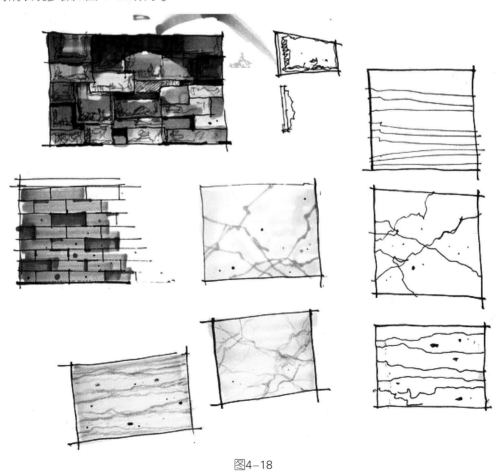

图4-18

玻璃材质的表现步骤如图 4-19 所示。在表现透明玻璃时，先把玻璃后的物体刻画出来，然后将玻璃后的物体用灰色降低纯度，最后用彩铅淡淡涂出玻璃自身的浅绿色和因受反光影响而产生的环境色。

图4-19

黑色材质表现比较难把握。黑色材质受光和环境影响同样会产生变化，比如强反射的喷漆玻璃、亮光漆、金属和石材，在表现时至少要有四个步骤才可表现出它的质感和变化。第一步平涂，第二步用深灰处理色调变化，第三步用黑色处理暗部，最后用彩铅表现环境色。对于漫反射的哑光漆、丝织物或壁纸等，所使用的三个步骤：深灰－黑色－环境色，如图 4-20 所示。

图4-20

第5章

室内空间设计方案及其表现训练

5.1 室内空间表现要素

室内表现要素主要就是指室内家具及陈设品。在本章，将运用上色技法，结合之前练习的钢笔线稿，给室内家具及陈设品上色，最终将室内空间要素更好地表现出来。

在基础表现训练阶段，可分类做一些单体练习和家具陈设组合练习，如练习不同类型、不同颜色样式的沙发、桌椅、床柜、灯具、布艺织物及配饰小品的表现技法。在室内空间表现图中，适当、合理、巧妙地配置一些装饰植物和配饰小品，往往能起到调节画面、烘托氛围的辅助作用。

饰品及布艺沙发的表现步骤如图 5-1 所示。

图5-1

以下为单体作品临摹练习。

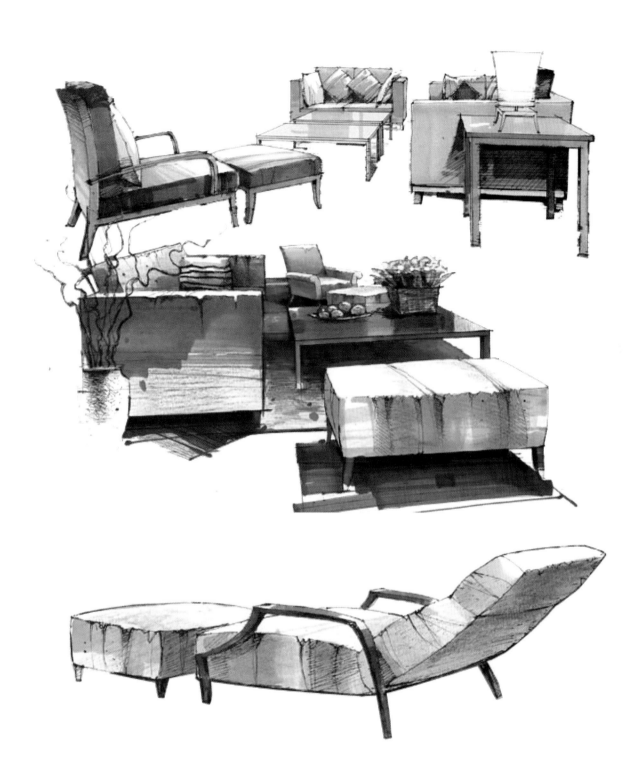

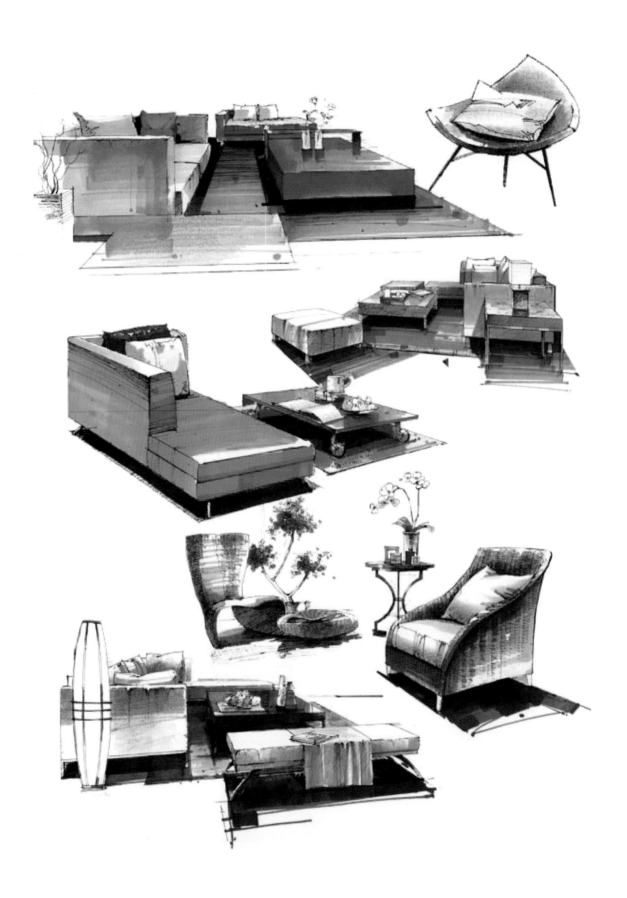

5.2　室内空间表现方法

1.卧室手绘表现方法

室内空间的手绘效果图类型有很多种，这里就以卧室和客厅两个室内空间为例来介绍绘图步骤。

卧室手绘表现步骤如图5-2~图5-5所示。

（1）着色之前首先要考虑色彩的整体关系，包括冷暖的对比、黑白灰的对比等；要注意材质受光后和环境色影响后的色彩变化。

图5-2

（2）第一遍着色时，有些部位可以平涂，有些部位从一开始就要有色彩和笔触的变化。

图5-3

（3）进一步扩大着色面积。着色过程中，始终需要一步一步地对比调整，不要一次画得太死太过。

图5-4

（4）把大的色彩关系处理好后，开始刻画细部。把物体结构面的明暗关系加强，同时注意光感的刻画。最后进行进一步的调整，用彩铅协调画面的统一色感，加强物体的质感，并给较鲜艳的饰品着色。

图5-5

2.客厅手绘表现方法

客厅手绘表现步骤如图5-6~图5-10所示。

（1）勾勒线稿。勾勒线稿时，一定要细致，能准确反映出空间的进深。一些房型的转折线、主要家具的结构线一定要肯定；一些灯具、饰品、植物绿化的线条可以放松，采用徒手勾线的方式。

图5-6

（2）线稿勾勒好后，开始用马克笔上色。先用大笔触区分几个大面的虚实关系，然后进行着色。在着色时，要选用同一色系的颜色进行叠加，颜色不要涂得太满，要有一定的透气性。

图5-7

（3）在处理好主色调和材质后，开始刻画一些细节装饰。要注意与主体色调的互补性。

图5-8

（4）进行深入刻画。墙面刻画时用笔要自如，大笔触的块面塑造要与小笔触花纹处理相结合，灯光投影的形要准确，同时要注重阴影变化关系。

图5-9

（5）对家具、装饰品的细节做进一步刻画。同时要多考虑环境色对物体的影响，使画面色调和谐、统一，视觉冲击力强。

图5-10

5.3 室内空间表现作品欣赏

以下为室内空间表现作品示例。

第6章

景观手绘训练

6.1 景观表现组成要素

景观表现要素主要有植物、草坪、水景、天空、石头等，下面分别介绍它们的绘制方法及绘图步骤。

1. 景观植物的表现

植物是画面中表现空间感的关键。无论植物颜色是深还是浅，在表现时都是从最浅的颜色开始画，然后叠加深入的。第一遍要画满，包括暗部，并且亮部颜色和暗部颜色要统一。有些植物很难用写实的方法表现，比如竹子的叶子太小，很难表现结构，此时只要画出它的明暗关系和随风的动感就行了，如图 6-1 所示。平时要多练习不同类型的植物画法，了解各种植物的形态。

图6-1

几种植物的手绘表现步骤如图 6-2～ 图 6-6 所示。

图6-2

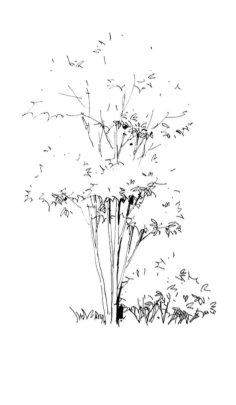

图6-3

图6-4

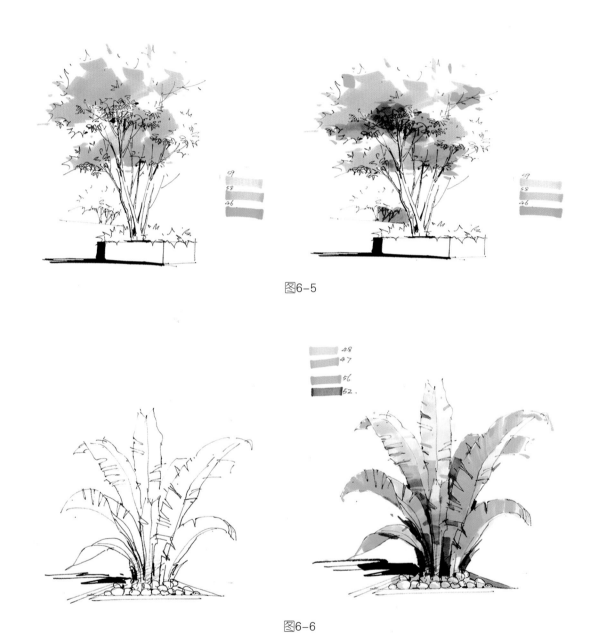

图6-5

图6-6

2. 草坪的表现

表现草坪时，要注意草坪在画面中的虚实空间感，远近草坪不要用一个颜色。远处草坪的色彩纯度要弱一些，近处草坪的色彩纯度较高。

草坪的手绘表现如图 6-7~ 图 6-10 所示。

图6-7

图6-8

图6-9

图6-10

3. 水景的表现

水的形态多种多样，或平缓或跌宕，或喧闹或静谧。景物在水中产生的倒影色彩斑驳，具有很强的观赏性。

流动的水较难表现，往往先用概括的笔法画出水的大概轮廓结构，再涂上淡淡的蓝色或留白。静止的水较易刻画：先用浅蓝色铺调子，再溶入些淡淡的绿色，最后用重色（深蓝或深灰）加重暗部。倒影的重色和物体的色系一样，表现石头用深灰或深蓝，植物用深绿、黑色点缀。用蓝色彩铅调整画面。

水景的手绘表现如图 6-11～图 6-14 所示。

图6-11

图6-12

图6-13

图6-14

4. 天空的表现

　　在景观效果图中，常见的天空表现方式有：用彩色铅笔，用马克笔，用马克笔结合彩色铅笔。这要根据画面需要进行选择。用彩铅表现的方法用得较多，其中有简单排线的方法、有刻画云状效果的方法，还有动感强烈表现的方法。用马克笔表现天空的变化比较细腻，采用的是循环重叠、组合点的笔法，用湿画法表现。马克笔结合彩铅主要是用于调整色彩变化和虚实过渡。

　　天空的手绘表现如图 6-15~ 图 6-18 所示。

图6-15

图6-16

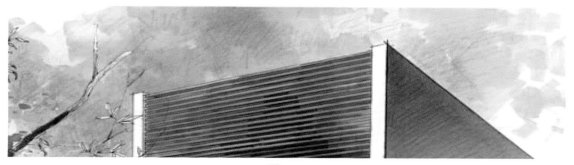

图6-17

图6-18

5. 石头的表现

石头作为配景会经常出现在景观表现图里，有用个体单元组合成有功能性、观赏性形体的，也有使用单体造景的。石头的表现至少需要四个着色步骤完成：浅灰色——中灰色——深灰色——黑色深入。注意每一步的用笔变化；浅灰和中灰之间要以湿画法衔接，这样过渡才自然；后两步要等前面的笔触干透后再画，留出明显的笔触可以加强石头硬度的质感。

天空的手绘表现如图 6-19~ 图 6-22 所示。

图6-19

图6-20

图6-21

图6-22

6.2 景观效果图表现方法

景观效果图分为以建筑为主体的建筑效果图表现和以人文景观为主的道路、水景、公共设施的效果图表现。下面分别介绍这两种景观的绘制方法及其绘制步骤。

1. 单体建筑效果图表现

单体建筑效果图手绘表现步骤如图 6-23~ 图 6-27 所示。

（1）勾画线稿。在勾画线稿时，对主体建筑的结构勾画十分关键，同时周围的配景在画面中起到了烘托气氛的作用，如图 6-23 所示。

图6-23

（2）刻画植物和地面重色部分，注意植物颜色的前后变化，如图 6-24 所示。

图6-24

（3）在周围关系明确后，开始刻画主题建筑。刻画时注意光线的变化，注意处理明暗关系，如图 6-25 所示。

图6-25

（4）继续刻画主体建筑，加重物体的暗面，加强明暗、色彩的对比，丰富画面的关系，如图 6-26 所示。

图6-26

（5）进一步调整画面关系，使整个画面做到光感统一、色调一致、层次变化丰富有序，如图 6-27 所示。

图6-27

2. 人文景观效果图表现

人文景观效果图手绘表现步骤如图 6-28~图 6-31 所示。

（1）在确定方案后，勾出空间结构透视图，考虑好光和影的位置和变化，以黑白灰的调子简单定位，如图 6-28 所示。

图6-28

（2）从任何一部位开始着色。第一遍铺大色，找大的光影变化，不拘泥小节，如图 6-29 所示。

图6-29

（3）继续铺大色，注意水的色彩的变化。近景植物的色彩尽可能纯一些，靠近植物的地方要有绿色的变化；远景植物的色彩纯度要低一些，否则就没有空间感，如图 6-30 所示。

图6-30

（4）大的色彩铺完后，就要开始细节刻画。近景植物要深入刻画，无论是色彩纯度还是明暗调子，都要高于画面中的中景和远景。

图6-31

（5）深入刻画近景或画面主题。深入的同时，要时刻注意画面的远近虚实关系。

6.3　景观效果图表现作品欣赏

参考文献

CANKAOWENXIAN

[1] 韦自力. 透视——设计一点通 [M]. 南宁: 广西美术出版社, 2004.

[2] 刘宇, 马振龙. 现代环境艺术表现技法教程 [M]. 北京: 中国计划出版社, 2005.

[3] 张跃华, 方荣旭, 李辉等. 效果图表现技法 [M]. 上海: 中国出版集团东方出版中心, 2008.

[4] 陈红卫. 陈红卫设计手绘视频课堂 [M]. 南昌: 江西美术出版社, 2011.